Bibliografische Information der Deutschen Nationalbibliothek:

Die Deutsche Bibliothek verzeichnet diese Publikation in der Deutschen Nationalbibliografie; detaillierte bibliografische Daten sind im Internet über http://dnb.d-nb.de/ abrufbar.

Impressum:

Druck und Bindung: Books on Demand GmbH, Norderstedt Germany
ISBN: 978-3-668-14934-2

Dieses Buch bei GRIN:

http://www.grin.com/de/e-book/316156/grundwasserneubildung-und-geogene-grundwasserbeschaffenheit-in-deutschland

Alois Weiß

Grundwasserneubildung und geogene Grundwasserbeschaffenheit in Deutschland

GRIN Verlag

RUPRECHT-KARLS-UNIVERSITÄT HEIDELBERG
GEOGRAPHISCHES INSTITUT
PHYSISCHES PROSEMINAR
WS 2010/11

Grundwasserneubildung und geogene Grundwasserbeschaffenheit in Deutschland

Alois Weiß

Inhaltsverzeichnis

1. Einleitung

Das Grundwasser ist die wichtigste Ressource für die Trinkwasserversorgung. Mehr als 70% des deutschen Trinkwassers werden aus Grundwasser gewonnen. Damit trägt das Grundwasser in weiten Gebieten die Hauptlast der Wasserversorgung (BMU 2008: 5). Da die Beschaffenheit des Grundwassers geringeren Schwankungen als oberirdisches Wasser ausgesetzt ist, kann Grundwasser durch seine hohe Qualität als wertvollster Teil der Wasserressourcen bezeichnet werden (HÖLTING, B. 1980:265ff.).

Als Einstieg wird zunächst ein Überblick über allgemeine und wichtige Begriffe zum Thema Grundwasser gegeben. Danach werden die Grundwasserneubildung, sowie die geogene Grundwasserbeschaffenheit in Deutschland als Schwerpunkte thematisiert. Hierzu soll zunächst allgemein aufgezeigt werden, wie es zur Grundwasserneubildung kommt und welche Faktoren dabei eine wesentliche Rolle spielen. Um diese Prozesse zu veranschaulichen, wird auf regionale Fallbeispiele eingegangen. Eine ähnliche Vorgehensweise wird bei der geogenen Grundwasserbeschaffenheit gewählt. Auch hier wird zunächst ein allgemeiner Überblick darüber gegeben, was unter der geogenen Grundwasserbeschaffenheit verstanden wird und inwiefern anthropogene Eingriffe Auswirkungen auf die Grundwasserbeschaffenheit haben. Abschließend wird die Grundwasserbeschaffenheit des Bundeslandes Hessen näher betrachtet.

2. Grundwasser

Allgemein wird Grundwasser als dasjenige Wasser bezeichnet, welches aufgrund von Niederschlagsversickerung, die im Boden vorhandenen Hohlräume zusammenhängend ausfüllt. Eine etwas formalere Definition nach der DIN 4049 bezeichnet Grundwasser als *„unterirdisches Wasser, das die Hohlräume der Erdrinde zusammenhängend ausfüllt und dessen Bewegung ausschließlich oder nahezu ausschließlich von der Schwerkraft und den durch die Bewegung selbst ausgelösten Reibungskräften bestimmt wird.“* Die Grundwasserzone ist durch die Grundwasseroberfläche bzw. den Grundwasserspiegel von der darüber liegenden ungesättigten Bodenzone getrennt.

2.1. Grundwasserleiter

Als einen Grundwasserleiter bezeichnet man einen Gesteinskörper mit Hohlräumen, der in der Lage ist Grundwasser zu speichern und zu leiten. Charakteristisch für einen Grundwasserleiter ist daher seine Fähigkeit ein gutes Speichervermögen mit einer hohen Leitfähigkeit zu verbinden. Vor allem Gesteine, die ein großes Porenvolumen und eine hohe Porosität aufweisen, werden als Grundwasserleiter bezeichnet. Generell werden nach Böhm/Deneke (1992: 26 ff) drei verschiedene Arten von Grundwasserleitern unterschieden:

1. Porengrundwasserleiter (Locker- oder Festgestein, dessen Porenraum durchflossen wird)
2. Kluftgrundwasserleiter (Festgestein, mit Klüften und Gesteinsfugen)
3. Karstgrundwasserleiter (verkarstetes Karbonatgestein)

Abb. 1: Arten von Grundwasserleitern (aus: Böhm/Deneke 1992: 27)

2.3. Ungespanntes und gespanntes Grundwasser

Wenn der Grundwasserspiegel auf eine Veränderung des Luftdrucks reagieren kann, spricht man von ungespanntem bzw. freiem Grundwasser. Bei ungespanntem Grundwasser entspricht der Wasserdruck dem Atmosphärendruck, weil das Wasser durch das Vorhandensein von Poren oder Klüften in direktem Kontakt mit der Atmosphäre steht. Meistens handelt es sich bei ungespanntem Grundwasser daher um oberflächennahes Grundwasser(Baumgartner & Liebscher 1990: 419ff).

Gespanntes Grundwasser wird hingegen durch undurchlässige oder schlecht durchlässige Schichten an einem Aufstieg gehindert (Abb.2). Der Grundwasserleiter füllt sich mit Wasser, bis die Deckfläche erreicht ist. Da sich das Wasser nicht frei bewegenden kann, erhöht sich der Wasserdruck an der Deckfläche und übersteigt damit den Atmosphärendruck. Beim Anbohren von gespanntem Grundwasser steigt folglich das Wasser in einem Standrohr über die obere Begrenzung des Grundwasserleiters im Rohr auf. Im Gegensatz zu ungespanntem Grundwasser kann gespanntes Grundwasser in allen Tiefen auftreten (BAUMGARTNER & LIEBSCHER 1990: 419ff).

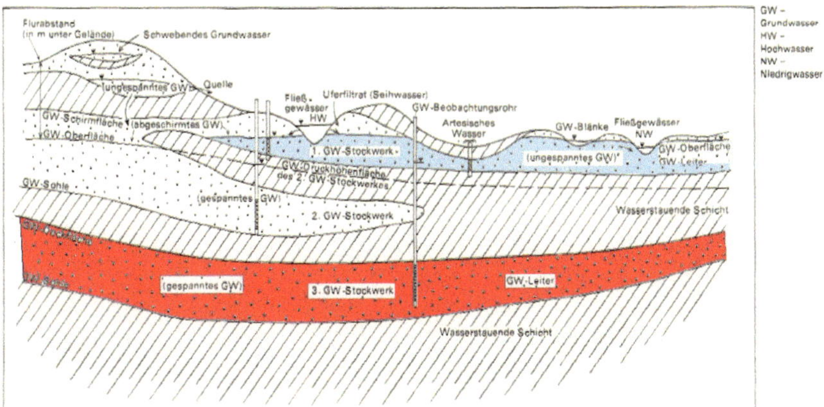

Abb. 2: Gespanntes (rot) und ungespanntes (blau) Grundwasser (aus: MARCINEK/ROSENKRANZ 1996: 249, verändert): Das ungespannte Grundwasser steht über Poren und Klüften im Boden mit der Atmosphäre in Kontakt. Das gespannte Grundwasser wird durch wasserstauende Schichten am Aufstieg bzw. Absinken gehindert.

3. Grundwasserneubildung

Unter Grundwasserneubildung wird diejenige Sickerwassermenge verstanden, die die Grundwasseroberfläche erreicht. In den meisten Fällen wird die Grundwasserneubildung als eine Funktion in Abhängigkeit der Zeit angegeben (vorwiegend in mm/Jahr), weshalb man auch von einer Grundwasserneubildungsrate spricht. Auf lange Sicht kann nur so viel Grundwasser natürlich abfließen oder entnommen werden, wie durchschnittlich durch Niederschläge oder andere Vorgänge neugebildet wird. Damit ist die Grundwasserneubildung eine wichtige

Ausgangsgröße für alle, das Grundwasser betreffende Fragen (BAUMGARTNER/ LIEBSCHER 1990:423 f.). Die allgemeine Formel für die Grundwasserneubildungsrate für grundwassernahe Böden (max. 0,8 m Flurabstand) lautet nach BAUMGARTNER & LIEBSCHER (1996: 424):

$$G = P - ET$$

G= Grundwasserneubildungsrate
P= Niederschlag
ET= Evapotranspiration

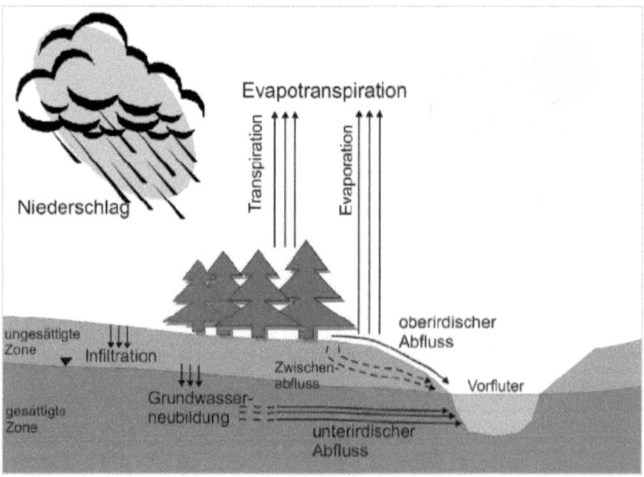

Abb. 3: Wichtige Vorgänge zur Grundwasser-neubildung (nach MATTHES & UBELL 2003, verändert)

3.1. Faktoren für die Grundwasserneubildung

Voraussetzung für Grundwasserneubildung ist der Prozess der Infiltration von Niederschlags- bzw. Oberflächenwasser. Es ist jedoch zu beachten, dass nur ein Teil des Niederschlags die Grundwasseroberfläche erreicht. Der andere Teil fließt entweder oberirdisch ab oder verdunstet. Die wichtigsten Einflussgrößen auf die Grundwasserneubildung sind nach DYCK/PESCHKE (1995: 326):

- Der Niederschlag (Speisungsgröße)
- Die Evapotranspiration (Zehrgröße)
- Der Grundwasserflurabstand (Zustandsänderung)
- Die Sickerwassergeschwindigkeit in der ungesättigten Zone (abhängig von den Bodenparametern und dem Bodenfeuchtegehalt)

Grundsätzlich gilt, dass die Versickerungsmenge umso größer ist, je durchlässiger und weniger wassererfüllt die oberste Bodenschicht ist. Neben der Bodenbeschaffenheit ist auch die Intensität und Dauer des Niederschlags von Bedeutung. So ist beispielsweise nach einem Dauerregen der Boden nach einer gewissen Zeit gesättigt und kann damit weniger Niederschlag aufnehmen (DYCK/PESCHKE 1995: 326). Bei mitteleuropäischen Klimaverhältnissen ist der Entzug von Bodenwasser in der Vegetationsperiode durch Evapotranspiration größer, als der Niederschlag. Nur bei außergewöhnlichen Starkregenereignissen kann in dieser Periode der Niederschlag zur Grundwasserneubildung beitragen. Die Hauptbildungsperiode liegt jedoch in den Wintermonaten, da in dieser Zeit die Niederschläge zunehmen und die Evapotranspiration übersteigt (Abb. 4). Regional sind trotz ähnlicher Niederschlagsmengen dennoch große Unterschiede bei der Grundwasserneubildung zu erkennen. So ist die Evapotranspiration sehr stark pflanzenabhängig, weshalb die Art der Bodennutzung eine beachtliche Rolle bei der Grundwasserneubildung spielt. Grundsätzlich lässt sich sagen, dass die Neubildungsrate unter Ackerflächen am größten ist. In Waldgebieten hingegen vergleichsweise gering. Dennoch lässt sich nicht allein aufgrund der Bodennutzung auf die Grundwasserneubildung schließen. Ein weiterer wichtiger Faktor, der berücksichtigt werden muss, ist die im Boden auftretende Korngröße (Abb. 5). So findet beispielsweise im norddeutschen Tiefland, wo Wald auf sehr sandigem Boden wächst, eine vergleichsweise hohe Grundwasserneubildung statt. In diesem Fallbeispiel übertrifft der Einfluss des Bodens, den der Vegetation. Prinzipiell lässt sich feststellen, dass stets mehrere Faktoren, wie die Vegetation und die Korngröße, einen Einfluss auf die Grundwasserneubildung haben.

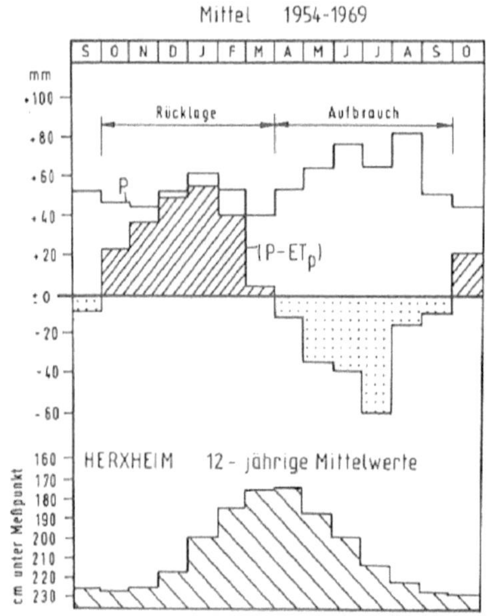

Abb. 4: Jahresgang der Wasserhaushaltsgrößen und des Grundwasserstandes im Oberrheingebiet:

Im Sommer übersteigt die potentielle Evapotranspiration Etp die Niederschläge P, sodass der Bodenwasservorrat aufgebraucht wird. Er wird im Herbst bei geringer Verdunstung auf-gefüllt. Anschließend kann Grundwasser neu gebildet werden. (aus: BÖHM/DENEKE 1992: 29)

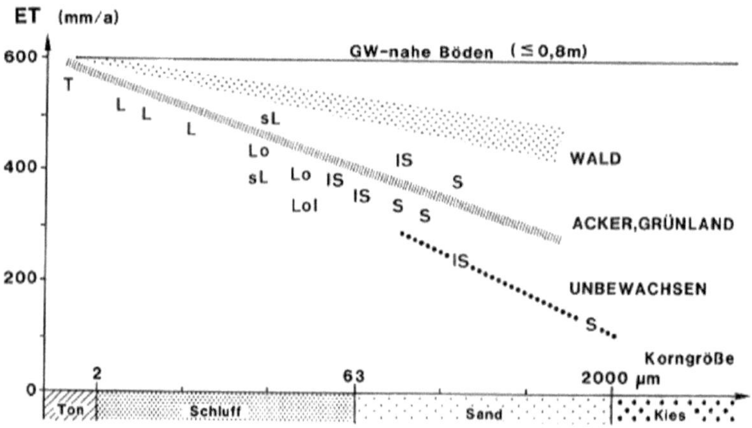

Abb. 5: Abhängigkeit der Evapotranspiration ET von der Korngröße der Böden bei grundwassernahen Böden (<0,8 m). T= Ton; L, l= Lehm, lehmig ; Lo= Löß; S,s= Sand, sandig. (aus: BAUMGARTNER/LIEBSCHER 1996:425): Die Grundwasserneubildungsrate ist bei grundwassernahen Böden sowohl von der Art der Vegetation als auch von der Bodenart abhängig. Je größer die Korngröße im Boden ist, desto geringeren Einfluss hat die Evapotranspiration auf die Grundwasserneubildung.

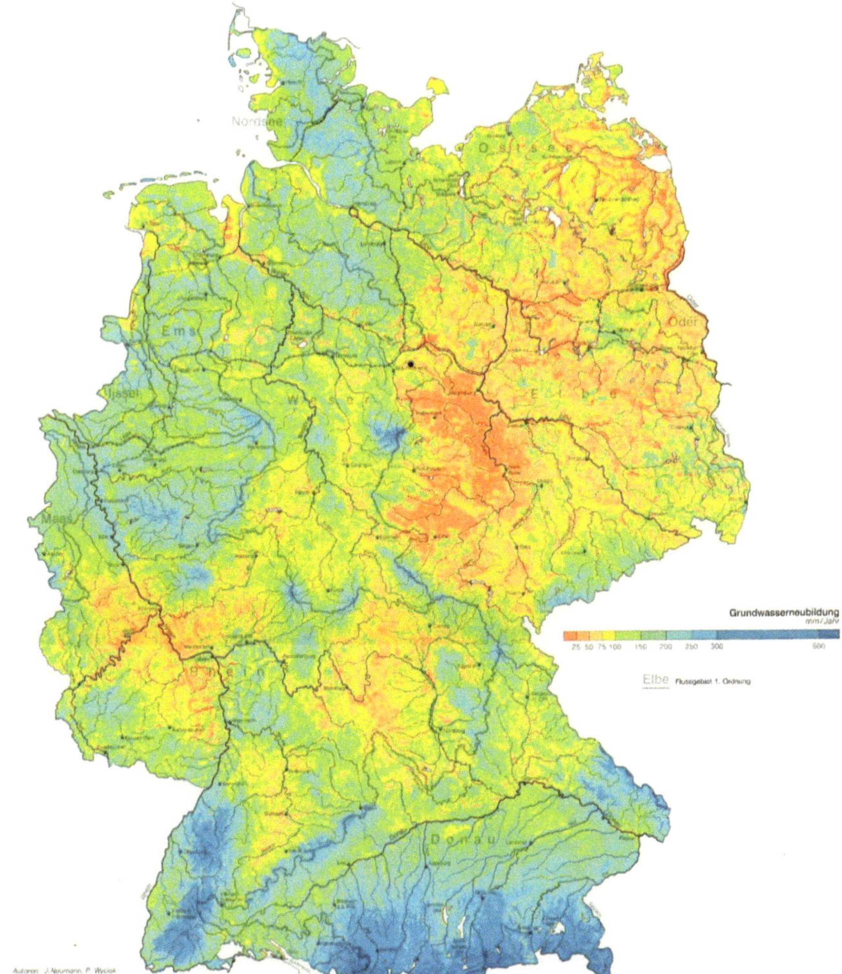

Abb. 6: Grundwasserneubildung in Deutschland (aus: NATIONALATLAS DER BUNDESREPUBLIK DEUTSCHLAND 2001): Die hohen Grundwasserneubildungsraten im Süden Deutschlands sind auf die Höhenunterschiede zurückzuführen. Die vergleichsweise niedrigen Neubildungsraten im Osten sind ein Indiz für den Übergang in eine trockenere Klimazone als die im Westen Deutschlands.

3.2. Grundwasserstandsschwankungen

Je nachdem, ob die Grundwasserneubildung oder der Aufbrauch überwiegen, steigt und fällt der Grundwasserspiegel. In Abhängigkeit des jährlichen Witterungsablauf, sowie der Gesteinsbeschaffenheit und der Lage des Vorfluters, ergeben sich typische Abläufe, die mithilfe von regelmäßigen Messungen durch Grundwasserstandganglinien graphisch dargestellt werden können. Langfristige Veränderungen des Grundwasserspiegels sind häufig nicht ausschließlich auf natürliche Weise zu erklären, sondern sind die Folge eines gestiegenen Wasserverbrauchs. Der Grundwasserspiegel des ungespannten Grundwassers ist dabei weitaus stärkeren Schwankungen ausgesetzt, als der des gespannten Grundwassers. Die wichtigsten Ursachen für die jährlichen bzw. längerzeitlichen Grundwasserspiegelschwankungen sind nach MARCINEK & ROSENKRANZ (1996: 253):

- Niederschläge, die zur Grundwasserneubildung führen
- Verdunstung von Grundwasser, wenn dieses oberflächennah ansteht
- Hydraulische Verbindungen zwischen dem Grundwasser und den Oberflächengewässern, wenn letztere entsprechende Schwankungen aufweisen
- Auswirkungen von Ebbe und Flut in der Nähe des Meeres (z.B. Insel Borkum: Differenz zwischen Ebbe und Flut 2,7m)
- Künstliche Eingriffe (z.B. Grundwasserabsenkung bei Tiefbauten, Flußbegradigungen)

Um diese Grundwasserstandschwankungen zu veranschaulichen, wird in Abbildung 7 die Grundwasserganglinie in Berlin betrachtet, wo seit 1860 die Veränderung des Grundwasserspiegels gemessen wird. Dabei ist zu beachten, dass die gravierendsten Veränderungen des Grundwasserspiegels anthropogen verursacht wurden und die natürlichen Schwankungen seit der industriellen Produktion in den Hintergrund getreten sind (Abb. 7).

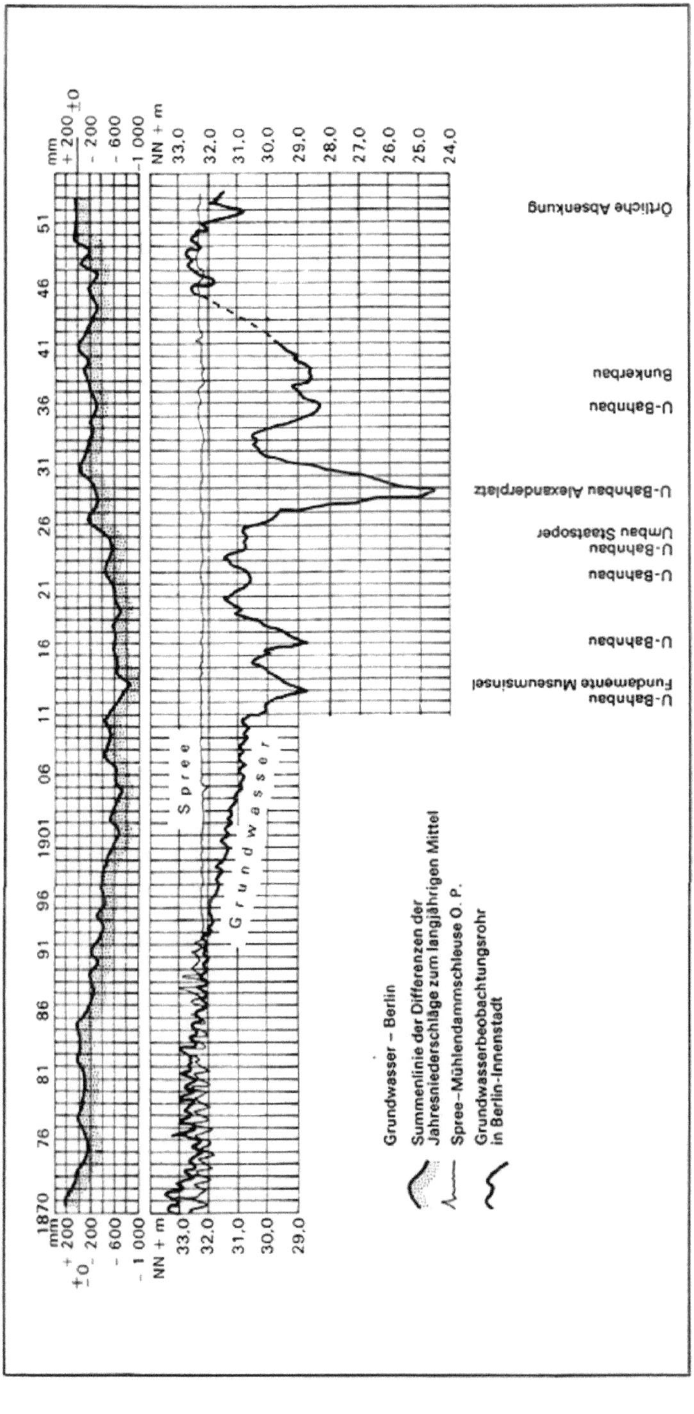

Abb. 7: Grundwasserganglinie 1870- 1954 in der Innenstadt von Berlin (aus: MARCINEK/ROSENKRANZ 1996: 255)

4. Geogene Grundwasserbeschaffenheit

Bei Grundwasser handelt es sich nicht um ein abgeschlossenes System. Es steht mit der Erdoberfläche über den Boden und versickerndem Niederschlagswasser in Kontakt. Stoffe, die dort freigesetzt werden, können über kurz oder lang auch in das Grundwasser gelangen. Auch der physikalische und chemische Aufbau des Grundwasserleiters bestimmt bzw. beeinflusst die Chemie des im Grundwasserleiter fließenden Grundwassers. Der Stoffgehalt des Grundwassers hängt damit in hohem Maße von der Wechselwirkung des Grundwassers mit dem durchströmten, grundwasserführenden Gestein zusammen. Dabei spielt vor allem die Löslichkeit der Gesteine eine wesentliche Rolle. So kann die Löslichkeit zwischen mehreren 100g/l für einige Salze und wenigen µg/l bei einzelnen Silikaten schwanken. Dies führt dazu, dass je nach dem Anteil der verschiedenen Minerale im Grundwasserleiter sehr unterschiedliche Stoffkonzentrationen vorhanden sein können. Die Stoffkonzentrationen werden zudem erheblich von der Aufenthaltsdauer des Grundwassers im Grundwasserleiter, sowie dessen Fähigkeit zum Ionenaustausch und anderen Wechselwirkungsprozessen beeinflusst (KUNKEL et al. 2004: 17ff.). Als Grundsatz gilt hierbei, dass der Lösungsinhalt des Grundwassers mit zunehmender Aufenthaltsdauer im Grundwasserleiter zunimmt. Des Weiteren wird der Stoffgehalt des Grundwassers, neben diesen großräumigen Einflüssen, durch lokale geogene Gegebenheiten und Stofffrachten des Sickerwassers beeinflusst.

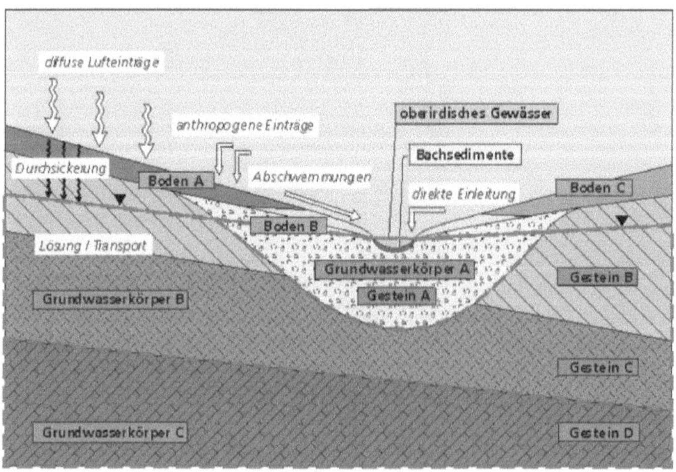

Abb. 8: Einflussfaktoren für die Grundwasser-beschaffenheit (Quelle: LANDESAMT FÜR BERGBAU, ENERGIE UND GEOLOGIE HANNOVER)

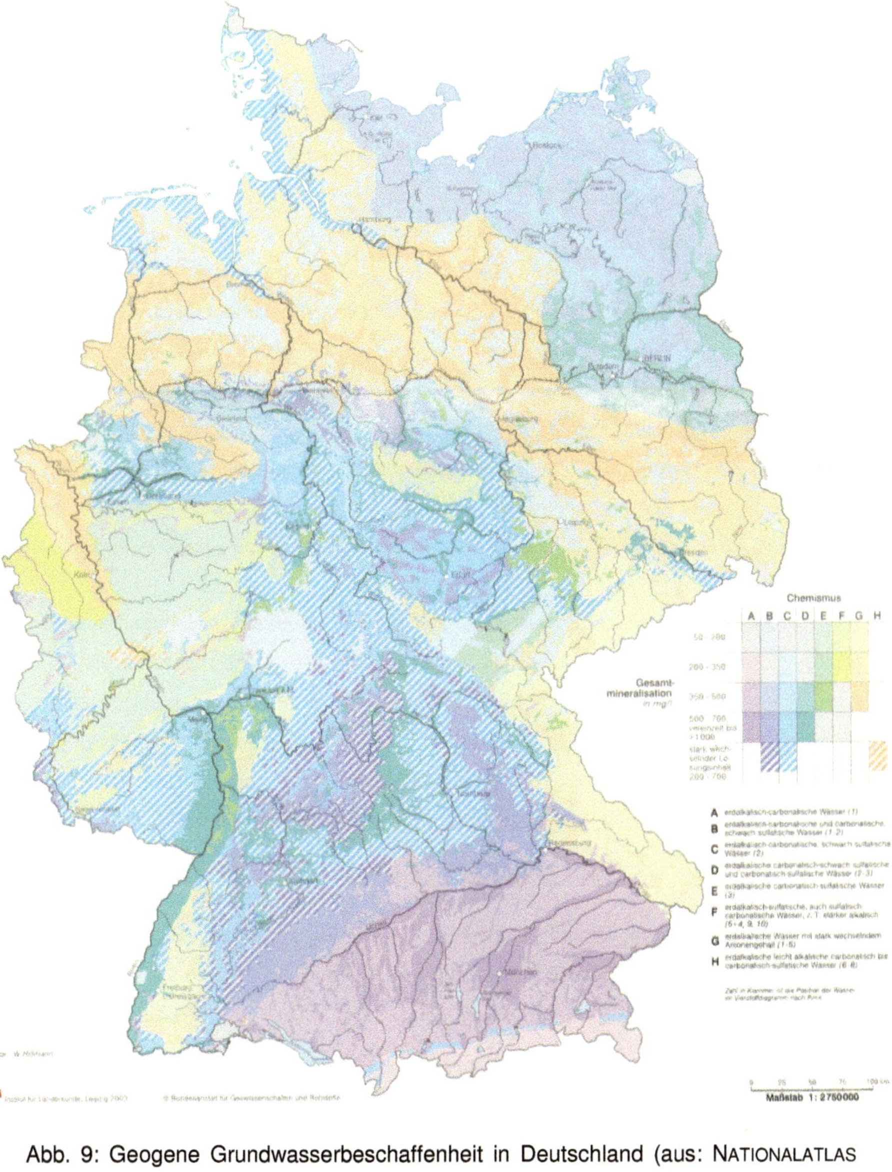

Abb. 9: Geogene Grundwasserbeschaffenheit in Deutschland (aus: NATIONALATLAS DER BUNDEREPUBLIK DEUTSCHLAND 2001): Die vorherrschenden Gesteine beeinflussen die geogene Grundwasserbeschaffenheit. Im Süden Bayern ist vorwiegend Sand- und Kiesgestein anzutreffen, deren Wasserergiebigkeit

vergleichsweise hoch ist. Damit steigt auch der Grad der Gesamtmineralisation. Der im Westen (vor allem im Einzugsgebiet des Rheins) auftretende Tonschiefer ist wesentlich weniger Wasserergiebig, weshalb eine geringere Gesamtmineralisation im Grundwasser auftritt. Der unterschiedliche Chemismus ist ebenfalls auf die unterschiedlich vorherrschenden Gesteine zurückzuführen.

4.1. Anthropogene Einflüsse auf die Grundwasserbeschaffenheit

„Ein rein natürliches und durch menschliches Zutun unbeeinflusstes Grundwasser gibt es in Deutschland schon seit Jahrhunderten nicht mehr.“ (ebd.). Die Beschaffenheit des oberflächennahen Grundwassers ist durch Rodung, land- und forstwirtschaftliche Nutzung, sowie die Regulierung der Vorfluter und durch Grundwasserentnahmen in nahezu allen Regionen Deutschlands überprägt. *„Diffuse flächenhafte Einträge über das Sickerwasser, im Wesentlichen aus der Landwirtschaft (mineralische Düngemittel, Gülle, Pflanzenschutzmittel) und der Atmosphäre werden mit dem Niederschlagswasser in den Grundwasserleiter eingetragen und verändern direkt oder indirekt die Grundwasserbeschaffenheit.“* (ebd.). Andere anthropogene Eingriffe, wie beispielsweise Grundwasserförderungen oder Bergbau können die Beschaffenheit des Grundwassers ebenfalls beeinflussen. In der Regel ist die Grundwasserbeschaffenheit an den Grad des anthropogenen Einflusses durch die Landnutzung geknüpft. So weisen urban oder landwirtschaftlich intensiv genutzte Regionen im Regelfall erhöhte Lösungsinhalte auf, da es in diesen Regionen häufiger zu zusätzlichen Stoffeinträgen kommt, als in extensiver genutzten Gebieten. Daher tritt ein im engen Sinne „geogenes“ bzw. „natürliches“ Grundwasser heute nur noch in regional sehr begrenzten Gebieten und in wasserwirtschaftlich unbedeutenden Räumen auf. Nach SCHENK (2003: 122 ff.) wird die geogene Grundwasserbeschaffenheit unter der Berücksichtigung dieser Sachverhalte wie folgt definiert:

> *„Eine „natürliche“ Grundwasserbeschaffenheit liegt vor, wenn der Stoffgehalt des Grundwassers rein geogenen Ursprungs ist bzw. durch Einflüsse einer normalen, Jahrhunderte alten Kulturlandschaft ubiquitär überprägt wurde und das Grundwasser keine synthetischen Stoffe enthält.“*

In dieser Definition werden Grundwässer als „natürlich" angesehen, die zwar im strengen Sinne nicht geogen sind, jedoch in der heutigen Kulturlandschaft typischerweise auftreten.

4.2. Geogene Grundwasserbeschaffenheit am Beispiel Hessen

Wie in Kapitel 4.1. bereits aufgezeigt, kann die natürliche Grundwasserbeschaffenheit nur durch geogene und anthropogene Faktoren beschrieben werden. Daher ist es notwendig beide Faktoren zu berücksichtigen, um die Gründe für die auftretenden Lösungsinhalte im Grundwasser zu untersuchen. Allgemein machen nur einige wenige Inhaltsstoffe mehr als 99% des Lösungsinhalts im Grundwasser aus. Zu diesen zählen die Anionen Hydrogencarbonat (HCO_3), Sulfat (SO4), Chlorid (Cl), und Nitrat (NO3), sowie die Kationen Calcium (Ca), Magnesium (Mg), Natrium (Na), Kalium (K) und untergeordnet Eisen (Fe) und Mangan (Mn). Des Weiteren können diverse Spurenstoffe, wie z.B. Aluminium, Silizium, Arsen und Fluor sowie Schwermetalle und einige organische Verbindungen gelöst im Grundwasser vorliegen. Die Stoffverteilung im Grundwasser wird durch die Milieuparameter pH-Wert, Redoxpotential bzw. Sauerstoffkonzentration und durch die Summe der gelösten Salze (Ionenstärke ausgedrückt durch die elektrische Leitfähigkeit) bestimmt (KUNKEL et al. 2004: 19.). Im Folgenden sollen nun einige der wichtigsten im Grundwasser gelösten Stoffe anhand der Grundwasserbeschaffenheit in Hessen dargestellt werden.

4.2.1 Chloridgehalt im Grundwasser Hessens

Chlorid tritt in allen hessischen Grundwässern auf. Das Salzion wird hauptsächlich aus natürlichen Salzen, besonders aus NaCl (Kochsalz), im Gestein gelöst und im fließenden Grundwasser verteilt. Die Hauptquellen für Chlorid sind in Hessen die Steinsalzvorkommen des Zechstein. Die Chlorikonzentration ist häufig durch menschliche Einflüsse, gerade im oberflächennahen Grundwasser, erhöht. Die Hauptursache hierfür sind die Streuung von Auftausalzen und Aufbringung von chloridhaltigem Dünger auf landwirtschaftlich genutzten Flächen. Auf ungedüngten Flächen beträgt die Chloridkonzentration im Sickerwasser zwischen 2-40 mg/l, auf gedüngten Flächen häufig zwischen 40-80 mg/l (Abb. 10.1). Der Grenzwert für Trinkwasser beträgt für Chlorid 250 mg/l.

4.2.2. Sulfatgehalt im Grundwasser Hessens

Wie bei Chlorid, handelt es sich bei Sulfat um ein Salzion, welches ebenfalls in allen hessischen Grundwässern vorkommt. Im Wesentlichen wird es aus Salzen im Gestein, vorwiegend Gips und Anhydrit, gelöst. Die wichtigste Quelle für Sulfat stellen in Hessen die Gips- und Anhydritvorkommen des Zechstein dar. Auch die Sulfatmenge im Grundwasser wird durch menschliche Aktivitäten, wie die Verbrennung von Kohle, Erdgas und Erdöl, sowie die Ausbringung von Dünger in erheblichem Maße beeinflusst (Abb.10.2). Der Grenzwert für Trinkwasser beträgt bei Sulfat 240 mg/l

4.2.3. Nitratgehalte im Grundwasser Hessens

Die Nitratkonzentration im Grundwasser ist nicht hauptsächlich auf hydrogeologische Gegebenheiten zurückzuführen, weshalb das Nitratvorkommen als ein Indikator für die anthropogene Beeinflussung (z.B. Stickstoff- Dünger) des Grundwassers gesehen werden kann. Vor allem Gebiete mit leichten, sandigen Böden und oberflächennahem Grundwasser weisen bei landwirtschaftlicher Nutzung häufig hohe Nitratgehalte im Grundwasser auf. Auf Hessen bezogen sind dies vor allem Gebiete der Oberrhein und Untermainebene (Abb. 10.3). Hohe Nitratwerte sind im Trinkwasser gesundheitsschädlich, weshalb der Grenzwert bei vergleichsweise niedrigen 50 mg/l liegt.

4.2.4 Gesamthärte im Grundwasser Hessens

Die Gesamthärte bezeichnet den Gehalt der Erdalkalien Calcium und Magnesium im Grundwasser. Als Maß für die Wasserhärte wird der Begriff „Deutscher Härtegrad" verwendet. Alternativ wird die Härte jedoch auch in mmol/l Erdalkaliionen angegeben (1 °dH = 10 mg/l CaO = 0,179 mmol/l).

Auch diese Stoffe sind in allen hessischen Grundwässern enthalten und können in ihrer Konzentration sehr stark schwanken. Vor allem in Kalk- und Dolomitgesteinen, kalkreichen Sanden und unter Lößböden wird viel Ca und Mg gelöst. Je höher die Konzentration dieser beiden Stoffe ist, desto größer ist der Härtegrad. Das Grundwasser in kalkarmen Gesteinen, wie Sandstein des Buntsandsteins, Granit, Quarzit und Schiefer ist weich. Basaltische Gesteine führen normalerweise zu mittelhartem Grundwasser (Abb.10.4).

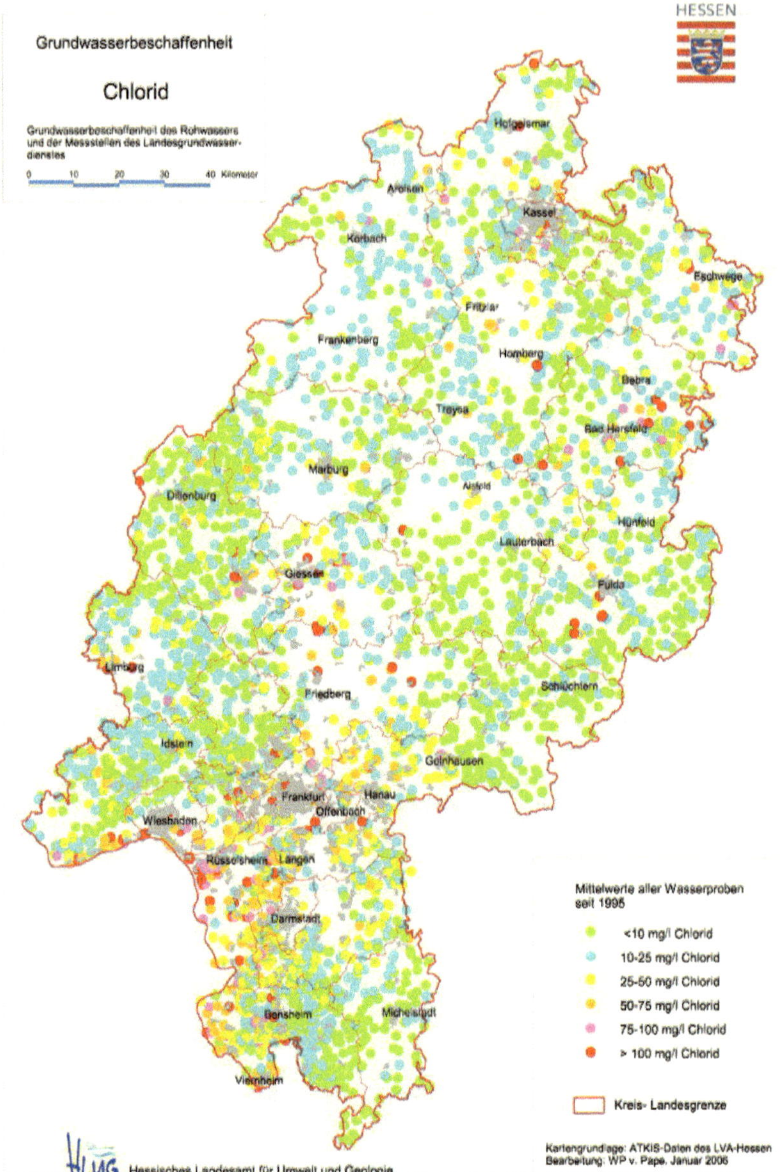

Abb. 10.1.: Chloridgehalt im Grundwasser Hessens (Quelle: HESSISCHE LANDESAMT FÜR UMWELT UND GEOLOGIE)

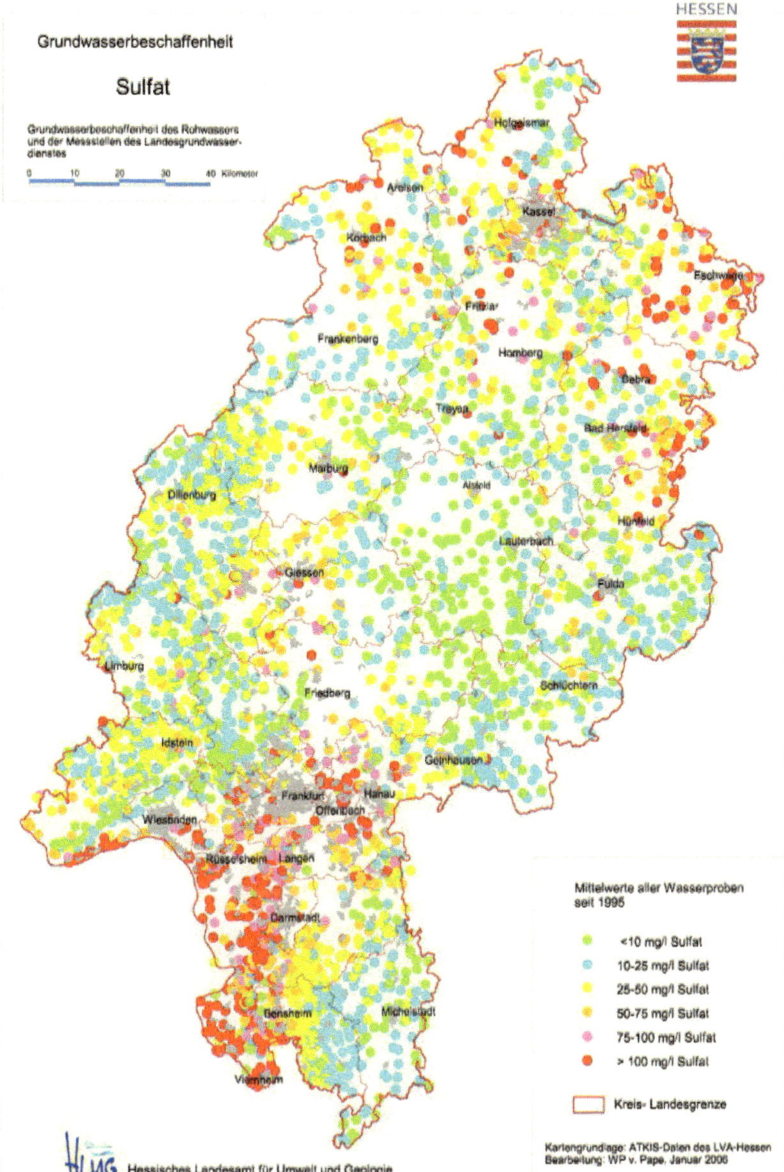

Abb. 10.2.: Sulfatgehalt im Grundwasser Hessens (Quelle: HESSISCHE LANDESAMT FÜR UMWELT UND GEOLOGIE)

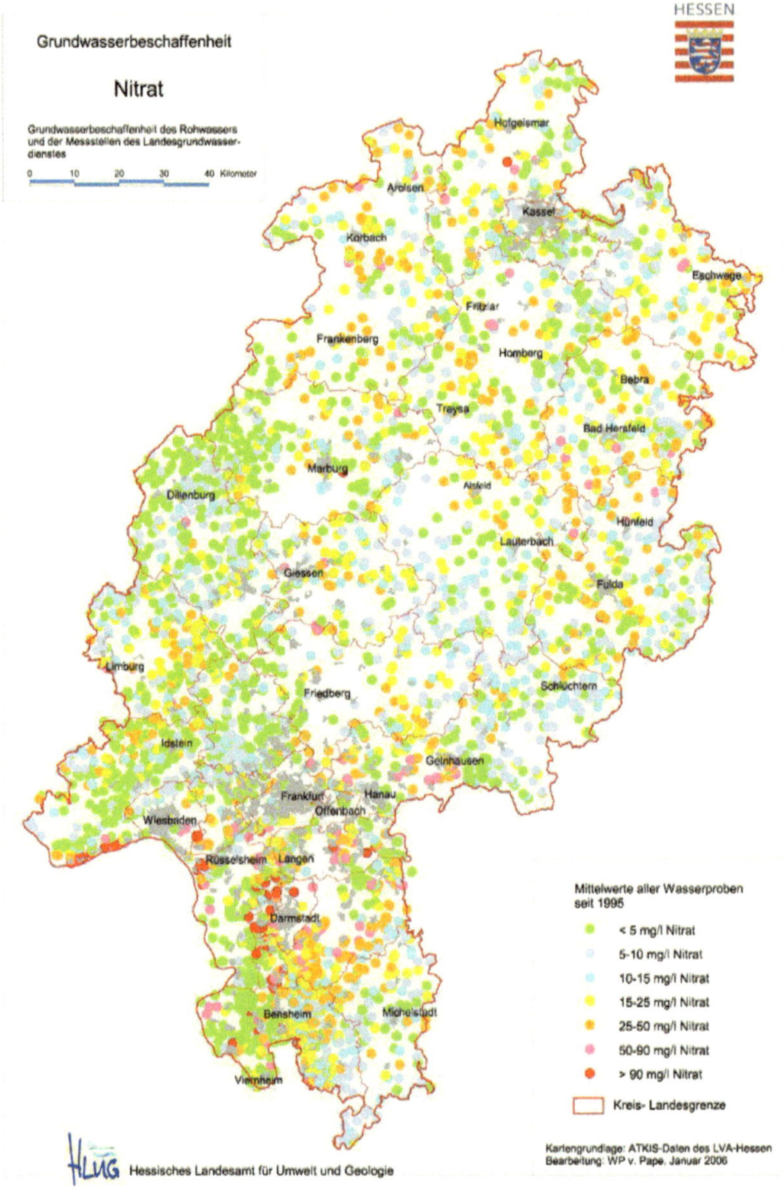

Abb. 10.3.: Nitratgehalt im Grundwasser Hessens (Quelle: HESSISCHE LANDESAMT FÜR UMWELT UND GEOLOGIE)

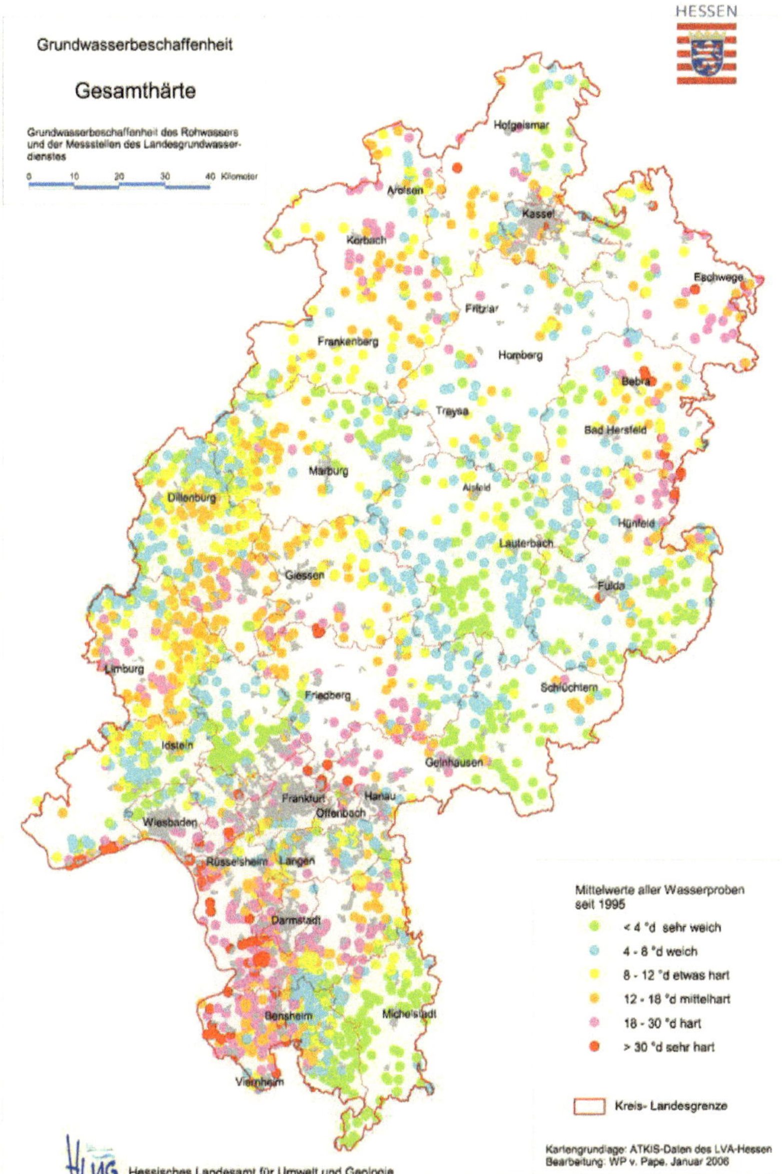

Abb. 10.4.: Gesamthärte im Grundwasser Hessens (Quelle: HESSISCHE LANDESAMT FÜR UMWELT UND GEOLOGIE)

5. Fazit

Grundwasser ist eine wichtige Ressource, die jeder von uns im täglichen Leben nutzt. Daher sollte deutlich werden, dass es sich bei Grundwasser um eine schützenswerte und kostbare Ressource handelt. Die Grundwasserneubildung und die Grundwasserbeschaffenheit sind wichtige Einflussfaktoren, die bei der allgemeinen Betrachtung des Grundwassers in Deutschland eine wichtige Rolle spielen sollten. Durch die Grundwasserneubildung wird gewährleistet, dass es sich bei Grundwasser um eine nachhaltige Ressource handelt. Am Beispiel der Grundwasserganglinie Berlins wird deutlich, dass anthropogene Eingriffe ein durchaus relevanter Faktor für die Grundwasserneubildung sind. Ähnlich verhält es sich auch mit der Grundwasserbeschaffenheit. Die hohe Qualität des Grundwassers in Deutschland, die momentan sicherlich vorhanden ist, kann durch menschliches Zutun verschlechtert werden.

Ziel muss es sein, sowohl die Grundwasserneubildung, wie auch die Grundwasserbeschaffenheit auf einem hohen Niveau zu halten. Hierfür muss ein Verständnis dafür geschaffen werden, dass es sich bei Grundwasser nicht um ein unbegrenztes und unzerstörbares Gut handelt, sondern um ein Gut, welches auf die Lebensgewohnheiten der Menschen reagiert.

Abbildungsverzeichnis

Literaturverzeichnis

BAUMGARTNER A. ; LIEBSCHER H.- J. (1996): „Allgemeine Hydrologie. Quantitative Hydrologie." Berlin/Stuttgart: Gebrüder Borntraeger. 694 S.

BÖHM H. R. ; DENEKE M. (1992): „Wasser - Eine Einführung in die Umweltwissenschaften". Darmstadt: Wissenschaftliche Buchgesellschaft. 288 S.

BUNDESMINISTERIUM FÜR UMWELT, NATURSCHUTZ UND REAKTORSICHERHEIT (2008): „Grundwasser in Deutschland". Berlin.

DYCK S. ; PESCHKE G. (1995): „Grundlagen der Hydrogeologie". Berlin: Verlag für Bauwesen GmbH. 536 S.

HÖLTING B. (1980): „Hydrogeologie. Einführung in die Allgemeine und Angewandte Hydrologie." Stuttgart: Spektrum Akademischer Verlag. 383 S.

KUNKEL, R. et al. (2004): „Die natürliche, ubiquitär überprägte Grundwasserbeschaffenheit in Deutschland". Jülich: Forschungszentrum Jülich GmbH.

LESER H. (2005): „Wörterbuch Allgemeine Geographie" . München: Deutscher Taschenbuch Verlag GmbH & Co. KG.

LIEDTKE et al. (2001): „ Nationalatlas der Bunderepublik Deutschland: Relief, Boden und Wasser." Heidelberg/Berlin: Spektrum Akademischer Verlag.

MATTHESS, G. ; UBELL, K. (2003): „Allgemeine Hydrogeologie: Grundwasserhaushalt". Berlin/Stuttgart: Borntraeger Verlag. 575 S.

MARCINEK, J.; ROSENKRANZ E. (1996): „Das Wasser der Erde". Gotha: Justus Perthes Verlag. 328 S.

SCHENK, V. (2003): „ Natürliche Grundwasserbeschaffenheit. Definition und Abgrenzung gegen verwandte Begriffe." In: Grundwasser, Vol. 8, Nr. 2.

Internetquellen:

Geozentrum Hannover: Landesamt für Bergbau, Energie und Geologie:
http://www.lbeg.niedersachsen.de/live/live.php?navigation_id=551&_psmand=4
Zugriff: 01/2011

Hessisches Landesamt für Umwelt und Geologie:
http://www.hlug.de/?id=14
Zugriff: 01/2011